2017年

第十四届全国高等美术院校建筑与设计专业教学年会

学生优秀作品集

——"从城市到乡村"环境设计的地域探索

孟梅林 王淮梁 主编

中国建筑工业出版社

图书在版编目（CIP）数据

2017年第十四届全国高等美术院校建筑与设计专业教学年会学生优秀作品集——"从城市到乡村"环境设计的地域探索 / 孟梅林，王淮梁主编 . — 北京 ： 中国建筑工业出版社 ， 2017.11

ISBN 978-7-112-20560-8

Ⅰ . ①2… Ⅱ . ①孟… ②王… Ⅲ . ①建筑设计－作品集－中国－现代 Ⅳ . ①TU206

中国版本图书馆CIP数据核字(2017)第262779号

本书是配合第十四届全国高等美术院校建筑与设计专业教学年会出版的教学成果图书。全国高等美术院校建筑与设计专业教学年会，起初是美术院校的专业教学交流平台，逐渐成为全国美术院校建筑与设计专业教学的一项重要学术活动，产生的学术影响越来越大，第十四届参会院校近 40 所，书中涵盖全国美术院校建筑与设计专业推荐的近 300 幅优秀作品，呈现出不同的办学特色，充分展示了全国高等院校建筑与设计专业的教学成果，值得建筑设计、环境设计等相关专业互相交流学习。

责任编辑： 唐 旭 李东禧 孙 硕 贺 伟
装帧设计： 刘华玉 项万融 李龙龙 袁景春 董 玥
图片编辑： 陈效晨 王天其 汪 丹 李 悦 许 立
责任校对： 王 烨

2017 年第十四届全国高等美术院校建筑与设计专业教学年会学生优秀作品集
——"从城市到乡村"环境设计的地域探索
孟梅林 王淮梁 主编
*
中国建筑工业出版社出版、发行（北京海淀三里河路 9 号）
各地新华书店、建筑书店经销
北京方嘉彩色印刷有限责任公司印刷
*
开本：889×1194 毫米 1/20 印张：10⅗ 字数：253 千字
2017 年 11 月第一版 2017 年 11 月第一次印刷
定价：88.00 元
ISBN 978-7-112-20560-8
（31130）

编委会
EDITORIAL BOARD

序言
PREFACE

回归本源，共创无限
献给"从城市到乡村"——环境设计的地域探索
第十四届全国高等美术院校建筑与设计专业教学年会

　　自近现代工业革命以来，城乡关系经历了"城乡一体"到"城乡分列"、"城乡对峙"再到"城乡互构"。 在城市化进程突飞猛进的今天，城市与乡村能否可以通过一种"积极互动"的关系模式构建共同发展、双向繁荣的未来？现代设计如何在这一复杂关系中自处并作出既有远见又现实可行的战略选择？以"'从城市到乡村'——环境设计的地域探索"为主题的第十四届全国高等美术院校建筑与设计专业教学年会，既恰逢时势又意义非凡。

　　"五位一体"的总体布局、"四个全面"的战略布局、"创新协调绿色开放共享"的发展理念，党的十八大和十八届三中、四中、五中全会，以及中央城镇化工作会议、中央城市工作会议精神，都强调了要从区域、城乡整体协调的高度谋划城市和乡村的共同发展，塑造城乡特色风貌，走出一条中国特色城市发展道路。这对所有从事环境设计的设计师来说，正谓空间无限，任重道远。环境设计比建筑艺术更巨大、比规划更广泛、比工程更富有感情，它是朝阳产业，是富有创造力和想象力的新型文化产业链的龙头，为我们创造了精彩纷呈、富有特色、引人入胜的城市环境艺术氛围。当前，中国特色社会主义进入新时代，要求我们环境设计专业学科和设计教育的发展必须要有更高的起点、更新的理念、更宽的视野。

我很高兴能够借本届年会活动与来自全国各地的高等院校设计教育、设计理论专家共同研讨环境设计学科的学术和教学话题，与大家一起观摩优秀的设计作品和最新的教学成果。希望通过本届年会活动的开展，能够促进我国高校环境设计专业学科建设和专业教育工作取得新的更大进展。

在此，我也代表承办单位安徽工程大学，对给予本次年会活动悉心指导和大力支持的全国高等美术院校建筑与设计专业教学年会组委会、中国建筑工业出版社、中央美术学院及全国各有关高校表示衷心的感谢。坚信有大家的共同努力，在不久的将来，我们中国的设计者们必将开创出一条适合中华民族传统特色发展的设计之路，为美丽中国建设增添亮丽色彩。

刘宁

安徽工程大学党委副书记、校长、教授

2017 年 11 月 18 日

前言
PREFACE

全国高等美术院校建筑与设计专业教学年会自2004年启动至今已成功举办了13届，它是全国高校建筑与环境设计领域的学术交流活动，推动了建筑与环境设计专业教学工作健康、可持续地发展。

本届年会由我校承办，面向全国各高等院校征集作品，并编辑出版《2017年第十四届全国高等美术院校建筑与设计专业教学年会学生优秀作品集》，作品包括文化的历史传承、设计的当代使命、设计个体与受众之间的对话等内容。举办"第十四届全国高等美术院校建筑与设计作品展"，可以更好地总结设计教学成果、促进院校间的学术交流。

安徽工程大学艺术学院成立于1982年，是安徽省设计类专业创建最早的院系。现有视觉传达设计、环境设计、产品设计、工业设计、动画、广告学、数字媒体艺术、工艺美术、视觉传达设计（中外合作）等九个本科专业；拥有设计学、美术学一级学科硕士点、艺术硕士（MFA）专业学位授权点，学院在读全日制本科生、研究生共2300余人。设计学为省级重点学科，"设计艺术研究中心"为省级人文社科重点研究基地，艺术设计为国家级特色专业，工业设计为省级特色专业，环境设计为省级专业综合改革试点。环境设计专业从2001年开始招生，现有在读本科生、研究生500多人。近年来，环境设计专业在教育改革、教学团队、课程教材、教学方式、教学管理等方面形成了一定的特色，取得了良好的改革成效。今后我们将进一步致力于培养面向教育、设计、施工、管理、技术、服务第一线的高素质环境设计应用型的复合型人才。

本届年会的成功举办和优秀作品集的顺利出版，得到了各位专家、学者、学界同仁及中国建筑工业出版社的大力支持和帮助，在此表示衷心的感谢，也希望通过本届年会推动我国高校建筑与环境设计专业教育向新的高度迈进，促进与地方特色传统文化进一步的融合发展。

黄凯

安徽工程大学艺术学院院长、教授

2017 年 11 月 18 日

目录
CONTENTS

广州美术学院

作品名称：：四刹·沉浸式剧场设计
学生姓名：：郑梓阳 张皓星 杨思平 曹 谦
指导老师：：何夏昀 詹 虓
学校名称：：广州美术学院

作品名称："高"与"声"——广州动物园长颈鹿新馆设计

学生姓名：涂智超

指导老师：李 芃

学校名称：广州美术学院

隔墙听音

一声清脆悦耳的鸟鸣
一片运动场上的欢呼
一面有声有色的围墙
一场精彩绝伦的合奏

作品名称：隔墙听音
学生姓名：曹彦萱　黄倩桦　许振潮
指导老师：谢　璇
学校名称：广州美术学院

地势 两村房屋都是依山势而建，因此道路多为较陡的台阶和斜坡，老人因行动不便除了买菜较少下来活动。

开发和利用可再生能源是落实科学发展观、建设资源节约型社会、实现可持续发展的基本要求。近年来我国一直提倡绿色建筑就是基于可再生能源而形成的。

边界 虽然当地在发展海岛旅游，但海岛出现明显的边界，游客无法很好地亲近海洋。

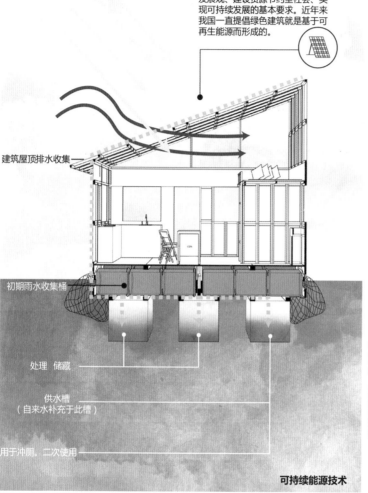

建筑屋顶排水收集

初期雨水收集桶

处理　储藏

供水槽
（自来水补充于此槽）

用于冲厕。二次使用

可持续能源技术

作品名称：海上乌托邦——珠海桂山岛海上社区设计

指导老师：王铭

学生姓名：何雅皓

学校名称：广州美术学院

海上乌托邦
THE UTOPIA OF THE SEA

广州美术学院

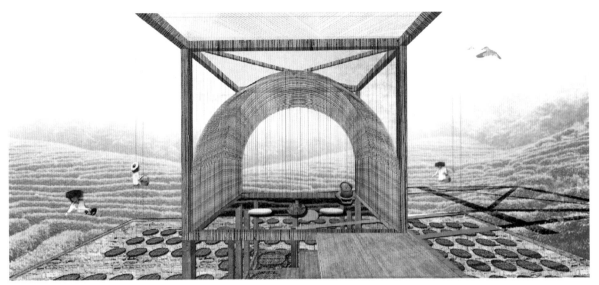

作品名称： 窥园——南昆山十字水小茶坊设计

学生姓名： 陈凯彤

指导老师： 许牧川　陈　瀚

学校名称： 广州美术学院

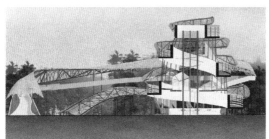

作品名称： 水袖

学生姓名： 刘亚琪

指导老师： 刘志勇 葛干涛 曾克明
赵冰娜 蔡同信 李 光

学校名称： 广州美术学院

广州美术学院

作品名称： 顺德桃村水生态景观概念设计
学生姓名： 辛柯南
指导老师： 吴卫光　陈鸿雁
学校名称： 广州美术学院

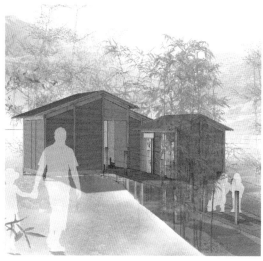

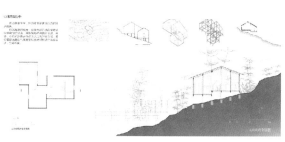

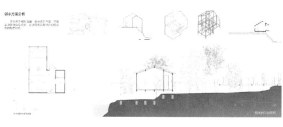
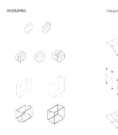
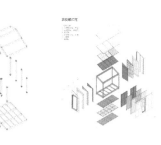

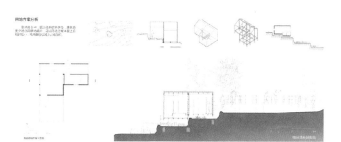

作品名称： 小型乡野旅居空间模块化设计与营造

学生姓名： 鲁　谦　张远卢

指导老师： 鲁鸿滨

学校名称： 广州美术学院

广州美术学院

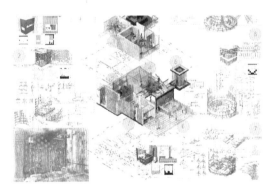

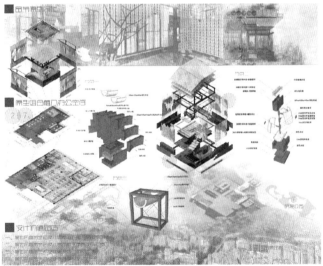

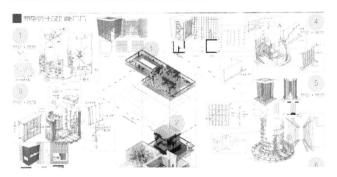

作品名称：植境与瓦构件结合茶空间的设计初探

学生姓名：穆家炜

指导老师：杨 岩

学校名称：广州美术学院

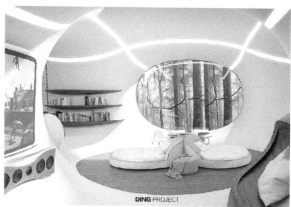

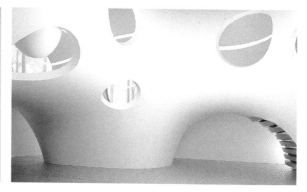

作品名称： 生日派——以"蛋糕"为原型的亲子度假空间设计

学生姓名： 孙家鼎

指导老师： 许牧川 陈瀚

学校名称： 广州美术学院

广州美术学院

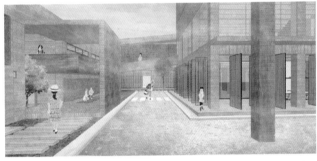

碧云院效果图

作品名称：「双重共生」小型山地
文化综合体设计

学生姓名：王明明

指导老师：王铭

学校名称：广州美术学院

浮水院效果图

作品名称：从茶源到茶院——体验式茶文化空间设计

学生姓名：许妙玲

指导老师：钱缨

学校名称：广州美术学院

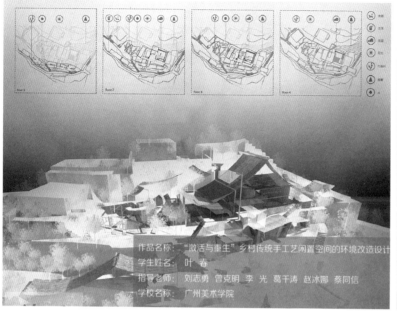

作品名称： "激活与重生"乡村传统手工艺闲置空间的环境改造设计

学生姓名： 叶春

指导老师： 刘志勇 曾克明 李光 葛干涛 赵冰娜 蔡同信

学校名称： 广州美术学院

上村席虎观猴馆 冗梯台眺望销魂 月满蜂舞花残醉 悦水面平周江啼 皎日赞华品客容 星宫亮房矗山林 南昆令盛醉临端

作品名称： 崑蜜堂——南昆山蜂蜜体验馆设计

学生姓名： 阮豪毅

指导老师： 许牧川 陈瀚

学校名称： 广州美术学院

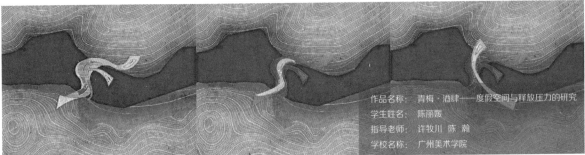

作品名称：青梅·酒肆——度假空间与释放压力的研究
学生姓名：陈丽媛
指导老师：许牧川 陈瀚
学校名称：广州美术学院

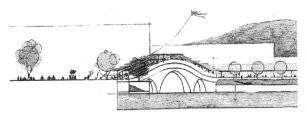
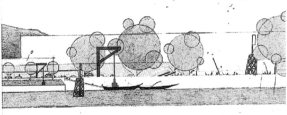

作品名称："深井村"村落改造与更新
学生姓名：牟湘运 赵旭波 蔡杰成
指导老师：谢璇
学校名称：广州美术学院

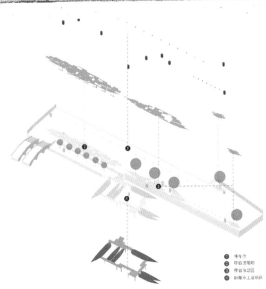

作品名称：看不见的花园
学生姓名：邱佳豪 邓 康 陈莹莹 刘世巍
指导老师：何东明
学校名称：湖北美术学院

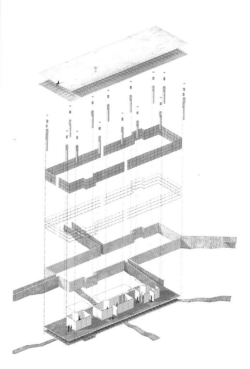

湖北美术学院

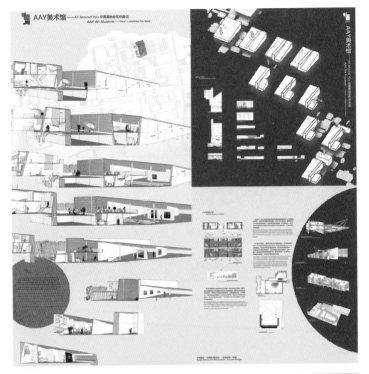

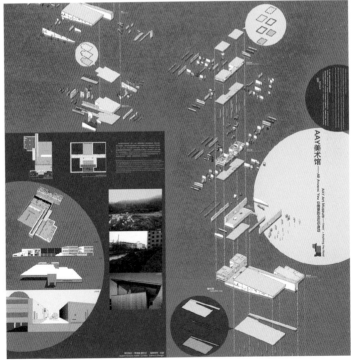

作品名称： AAY美术馆
学生姓名： 蔡可欣 李佩颐
指导老师： 张 进
学校名称： 湖北美术学院

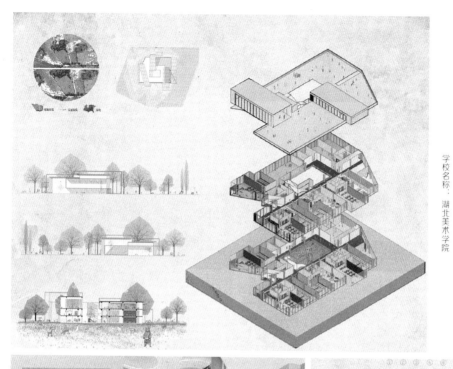

作品名称：中国人民解放军总医院海南分院幼儿园

学生姓名：代俪　蔡晓凤

指导老师：卢珺

学校名称：湖北美术学院

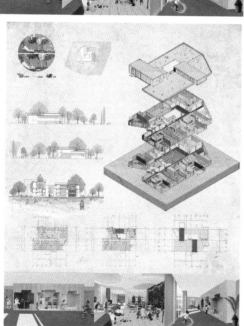

湖北美术学院

Four

ONE
COM
BIN
AT

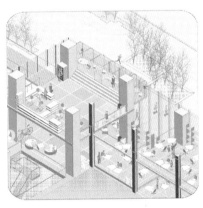

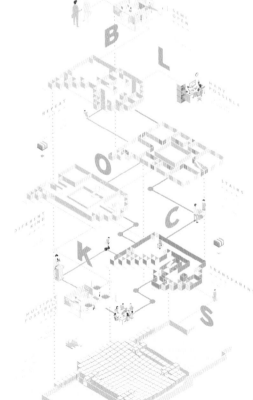

working
CONVERGENCE

作品名称：CONVERGENCE
学生姓名：李旭怀　沈佩蕾　谢元亨
指导老师：梁竞云　张　贲　向明炎
学校名称：湖北美术学院

作品名称：《BLOCKS》联合办公设计—空间设计
学生姓名：刘　宇　肖小波　赵　震　李　顶杨　飘　盛振宁
指导老师：梁竞云　张　贲　向明炎
学校名称：湖北美术学院

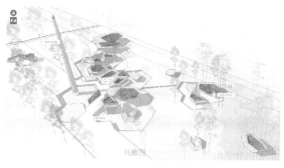

鸟瞰图

鸟瞰图

作品名称： 安葬废墟——板结土壤的激活与重塑
学生姓名： 陈丽 黄行健
指导老师： 周彤 邹鹏
学校名称： 湖北美术学院

作品名称：改变与重塑
学生姓名：刘海鸣 刘婧姝
指导老师：梁竞云 向明炎 李梦斯
学校名称：湖北美术学院 张责

湖北美术学院

作品名称： 汉口租界历史文化区（北京路段）
　　　　　 旧房改造与利用及景观概念设计
学生姓名： 陈昶 常静文 沈诗诗 侯岳葳
指导老师： 卢珺
学校名称： 湖北美术学院

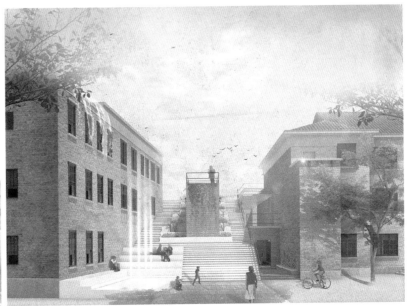

作品名称： 红房子——冶机关大院改造设计
学生姓名： 郑兴赖倩李麒梅雪
指导老师： 黄学军
学校名称： 湖北美术学院

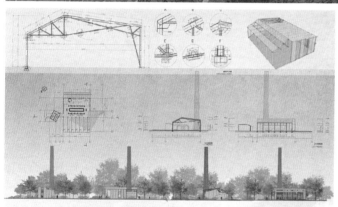

CAVE PROJECTION SYSTEM 洞穴投影系统

-According to the internal structure of the kiln, as a 180-degree ring screen, projection equipment using dual or three-channel ring system. Dualchannel and three-channel stereo virtual simulation ring screen projection, projection screen is a virtual three-dimensional projection display system immersed in the virtual simulation display environment. The use of such a projection system visitors can intuitively understand the kiln culture, in order to improve the kiln culture of infection.

根据窑厂内部的构造，将其看作一个180度的环幕，投影设备采用双通道或三通道的环幕系统。双通道和三通道立体虚拟仿真

环幕投影大，投影屏幕是虚拟三维投影显示系统中的沉浸于虚拟仿真显示的环幕，这样的投影系统的运用，可以使参观者直观

的了解文化，以便于复高密文化的感染力度。

According to the brick factory site construction, the cave and chimney internal transformation, the use of modern design into an ornamental and study area.

根据砖窑厂旧址构筑，将窑洞内部和烟囱进行改造

利用现代化设计，改造成一个供观赏和学习的区域。

作品名称：湖北省鄂州市涂家垴镇砖窑厂改造

学生姓名：马昕彤 韩 奕 李 玮

指导老师：周 彤 朱亚丽 吴 宁

学校名称：湖北美术学院

作品名称：旧厂房规划改造——孵化器

学生姓名：郭永乐 孟 妍 梁家怡 冀奕辰 黄 奎 张 瑞

指导老师：吴 珏

学校名称：湖北美术学院

作品名称： 看不见的花园02
学生姓名： 谢 巍 刘志恒 余家兴
指导老师： 何东明
学校名称： 湖北美术学院

作品名称： 看不见的花园03
学生姓名： 徐 阳 袁小虎 赵 辉
指导老师： 何东明
学校名称： 湖北美术学院

看不见的花园：轻建造计划之壹——结构建筑学
Invisible Garden: One of the plan to build light - Structural Architecture

作品名称：未建成的美术馆

学生姓名：吕　成　李欣惠　王　蕊

指导老师：田　飞

学校名称：湖北美术学院

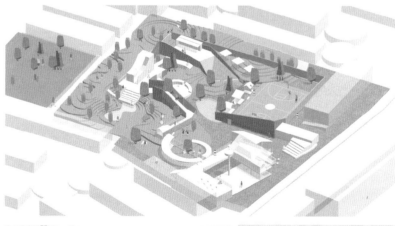

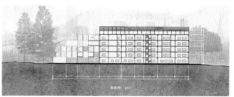

作品名称：武昌车辆厂职工宿舍区改造设计

学生姓名：王梓蘅　贺佳佩　刘大可
　　　　　杨颖仪　赵文婷

指导老师：卢　珺

学校名称：湖北美术学院

鲁迅美术学院

作品名称： 莫写·沈阳莫子山艺术文化长廊
学生姓名： 代京男
指导老师： 马克辛 卞宏旭
学校名称： 鲁迅美术学院

作品名称： 诗意兮、归来兮——传统文化街区改造

学生姓名： 司笑萌

指导老师： 文增著

学校名称： 鲁迅美术学院

鲁迅美术学院

作品名称：GUNDAM机动战士高达
　　　　　文化展览中心
学生姓名：尹 帅
指导老师：曹德利 王 蓉
学校名称：鲁迅美术学院

作品名称： 艺趣文化创意游乐园景观设计
学生姓名： 高　达
指导老师： 石　璐　李　江
学校名称： 鲁迅美术学院

作品名称： 朝阳市朝阳大街道路线性改造与景观节点修复设计
学生姓名： 戚　婉
指导老师： 赵春艳
学校名称： 鲁迅美术学院

作品名称： 匠情——莫子山艺术工坊
学生姓名： 谢宜伶
指导老师： 马克辛 卞宏旭
学校名称： 鲁迅美术学院

作品名称： 建筑艺术设计学院概念设计

学生姓名： 马丽竹

指导老师： 赵春艳　金长江

学校名称： 鲁迅美术学院

作品名称： LA LA LAND · 爱乐之城

学生姓名： 宋　丹

指导老师： 马克辛　卞宏旭

学校名称： 鲁迅美术学院

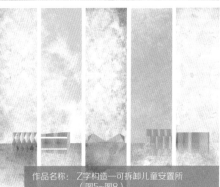

作品名称： 相济·相生——城市综合体设计
（图1~图4）

学生姓名： 李奕翰

指导老师： 曹德利 姜 民

学校名称： 鲁迅美术学院

作品名称： 乙字构造—可拆卸儿童安置所
（图5~图8）

学生姓名： 赵常喆

指导老师： 赵春燕 金长江

学校名称： 鲁迅美术学院

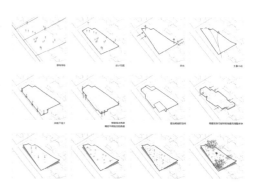

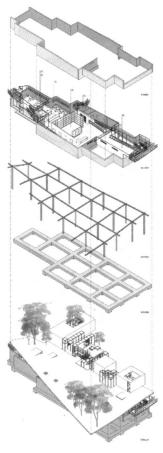

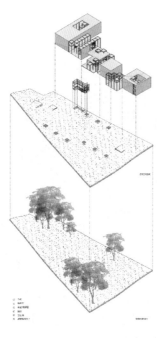

空间模块自组织类型：

设计一种建造方法，让村民可以参与到建造中来，以木材为主材，辅以金属连接件连接，这些结构杆件可直接构成各个公共空间计划点的实施，另外作为游客中心可于实际建筑相结合来使用。

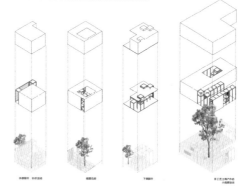

设计说明：

乡村服务中心特征以及对现有场地对现有周边配套的策略分析，本著设计可替换标于可可层楼的一体空间，乡留不需求更不部分为场地的基础配建，将中心设计公比元下，导入区的材料社会以分寸术地的破坏，最大限度的对老有问道题着有一致，与此同时，建立探究所让境改的水面，学人材料还都要素属作地合。与此已经火功效集划的时代，对造可计行业进，彼，注意场对到时等，将国上楼心以将气或空性样料，因向习惯，机构对现时有设，使其以对设计策略，对整身状的状们存建设计于约十字头，设计中看整个效对法门两可能，技术以为一可以当项材等构需单术等语言约设心号，时间头涂物作无藏层状变至了新个场现可心给给化有约对对。

方有方面深化此约，心加机动对技术作为辅助，过程中利用revit建模合线与图模型体建分成，成力至维建模度中品时执，身细心约与情状状，规约修改，单可艺术型设计。

作品名称： 乡村客厅

学生姓名： 何佩瑶

指导老师： 崔笑声

学校名称： 清华大学美术学院

作品名称：构·巢
学生姓名：杨雨心
指导老师：汪建松
学校名称：清华大学美术学院

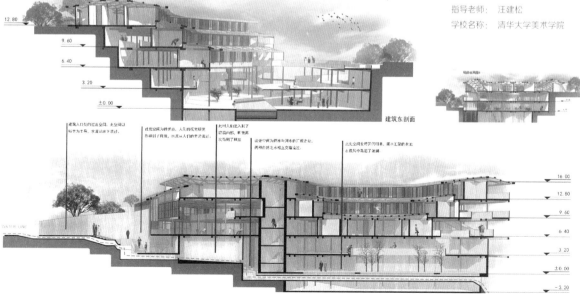

12.80
9.60
6.40
3.20
±0.00

建筑东剖面

16.00
12.60
9.60
6.40
3.20
±0.00
-3.20

作品名称： "场所精神"指导下的村落建筑设计
学生姓名： 岳　祥
指导老师： 苏　丹
学校名称： 清华大学美术学院

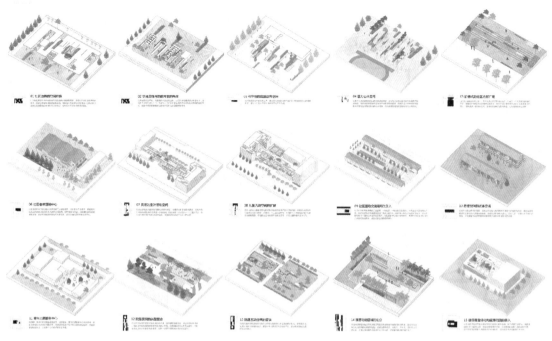

作品名称：融新于旧·城市集体式社区环境更新设计
　　　　　——以武汉红房子社区改造为例
学生姓名：程　明
指导老师：黄　艳
学校名称：清华大学美术学院

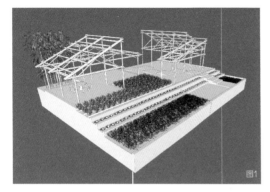

图1

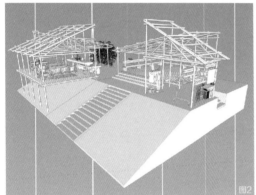

图2

图5

图6

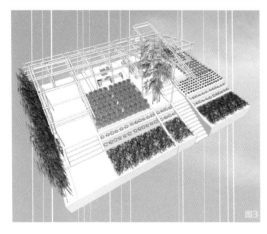

图3

作品名称： 河岸竹廊（图1~图4）

学生姓名： 黎敏静

指导老师： 崔笑声

学校名称： 清华大学美术学院

作品名称： 双线交织——体育场馆边界空间的
弹性改造设计（图5~图6）

学生姓名： 周瀚翔

指导老师： 崔笑声

学校名称： 清华大学美术学院

图4

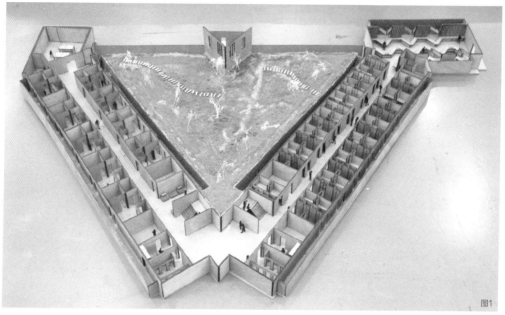

图1

图2

图3

图4

图5

作品名称： 地下集体生活空间的人性化设计（图1~图4）

学生姓名： 王琰

指导老师： 杜异

学校名称： 清华大学美术学院

作品名称： "街道式"商业建筑改造设计（图5~图7）

学生姓名： 欧阳诗琪

指导老师： 陆轶辰

学校名称： 清华大学美术学院

图6

图7

作品名称： 绿色视野下的殡葬空间设计（图1~图2）
学生姓名： 王孝祺
指导老师： 周浩明
学校名称： 清华大学美术学院

作品名称： 松光影院的黄金年代（图3~图5）
学生姓名： 李佳星
指导老师： 张 月 马 辉
学校名称： 清华大学美术学院

作品名称： "方舟"工业遗存文化创意中心建筑
　　　　　及室内设计（图1~图3）

学生姓名： 朱楚茵

指导老师： 张 月 彭 军 高 颖

学校名称： 清华大学美术学院

作品名称： 剑山湿地公园建筑与景观概念设计（图4~图5）

学生姓名： 叶子芸

指导老师： 张 月

学校名称： 清华大学美术学院

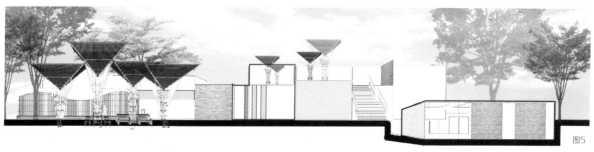

作品名称： 满园兰花，静候飞鸟
（图1~图4）

学生姓名： 张新悦

指导老师： 张 月 梁 青

学校名称： 清华大学美术学院

作品名称： 昭山景区潭州书院设计
（图5~图8）

学生姓名： 葛 明

指导老师： 张 月

学校名称： 清华大学美术学院

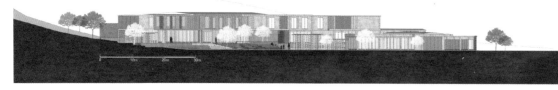

變形計
X-CHANGE

棚户区厂房改造设计
RECONSTRUCTION DESIGN OF SHANTY TOWN

作品名称： 变形计
学生姓名： 王荣发 廖海茵 付鹏勃
指导老师： 刘 川
学校名称： 四川美术学院

内围院落
Inner court

北立面图

东立面图

步道与平台
Trails and platforms

1-1剖面

2-2剖面

空中廊道与平台
Air corridors and platforms

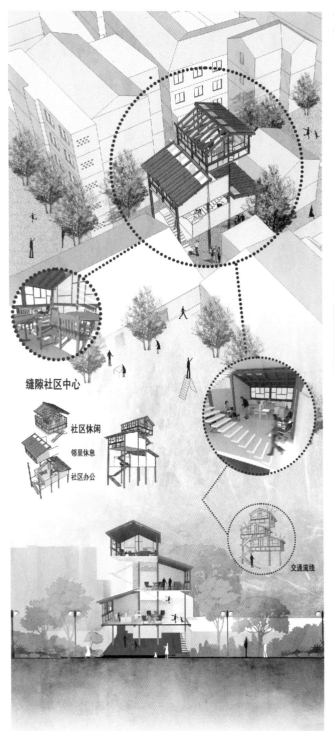

缝隙社区中心

社区休闲

邻里休息

社区办公

交通流线

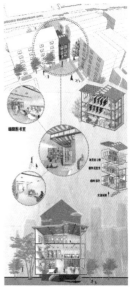

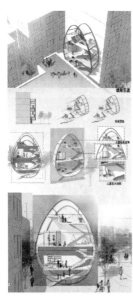

作品名称：斗榫合缝
学生姓名：孙文博 章伟亮
指导老师：刘 川
学校名称：四川美术学院

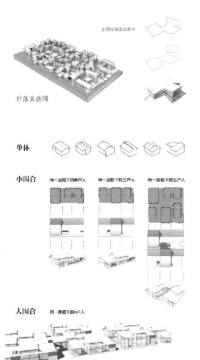

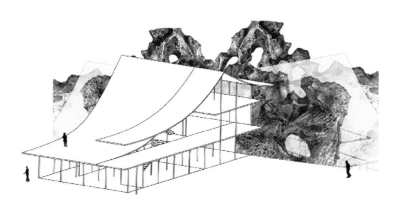

作品名称：结庐

学生姓名：刘洁颖　陈居瞳　何晓苏　游灵轩

指导老师：刘　川

学校名称：四川美术学院

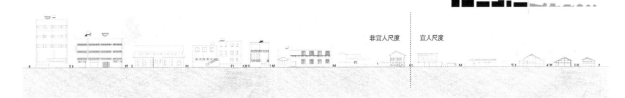

非宜人尺度　　宜人尺度

四川美术学院

作品名称：生生

学生姓名：孔维一 陈奥男 赵冬舸 任培源

指导老师：刘 川

学校名称：四川美术学院

作品名称：生生于归
学生姓名：庄霖喻 吕冰洁 罗 晶
指导老师：刘 川
学校名称：四川美术学院

作品名称：行合趋同
学生姓名：李 想 陈兴达
指导老师：黄 耘
学校名称：四川美术学院

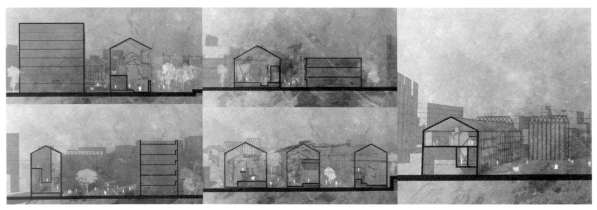

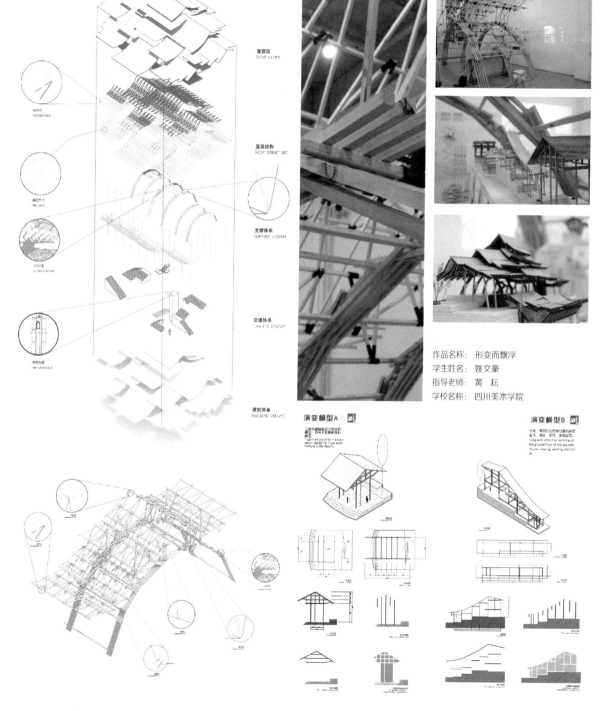

屋顶层
ROOF LAYER

屋顶结构
ROOF STRUCTURE

支撑体系
SUPPORT SYSTEM

交通体系
TRAFFIC SYSTEM

建筑体量
BUILDING VOLUME

作品名称：形变而飘浮
学生姓名：姚文豪
指导老师：黄　耘
学校名称：四川美术学院

演变模型A

演变模型B

四川美术学院

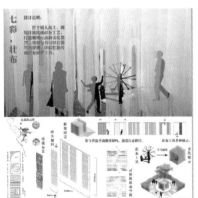

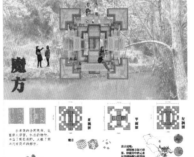

作品名称： 一方
学生姓名： 陈阳燕妮　何燕婷　常旭阳
指导老师： 刘　川
学校名称： 四川美术学院

异形

编梁拱

编梁拱受力特征

反拱

采用斜拉方式反拱成桥

俯视图

透视图

穿斗

传统木结构承重变竖向压力

根据木块的特性试变压为受拉来升起屋顶

正视图

侧视图

透视图

同构

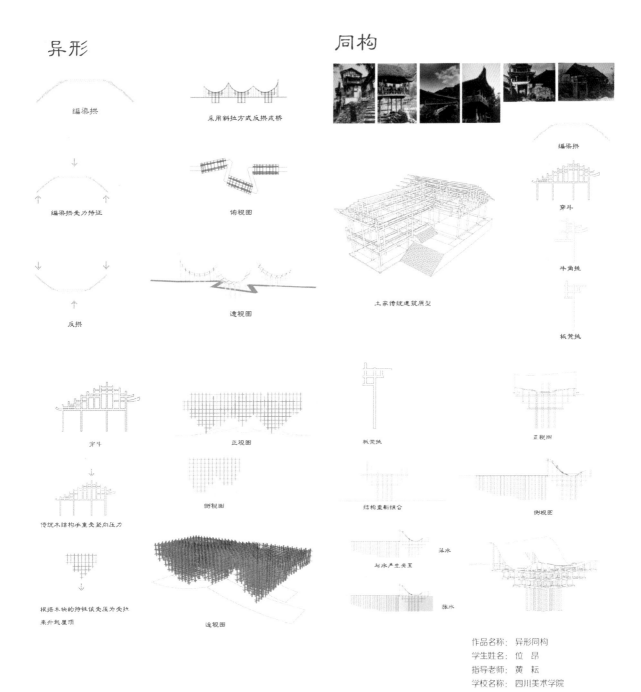

土家传统建筑原型

编梁拱

穿斗

牛角挑

板凳挑

板凳挑

结构重新组合

与水产生关系

落水

涨水

正视图

侧视图

作品名称： 异形同构
学生姓名： 位 昂
指导老师： 黄 耘
学校名称： 四川美术学院

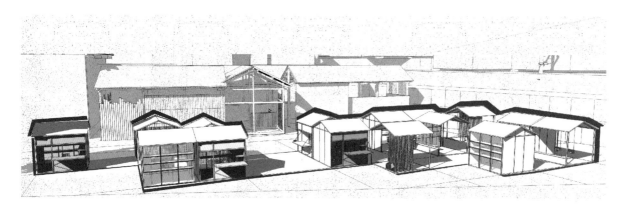

作品名称： 游源承梦
学生姓名： 李黛馥 韩新茹 韦诗琦 卢春春
指导老师： 刘 川
学校名称： 四川美术学院

建筑设计　　包含工业建筑的保护更新．产业基地功能置换

建筑设计　　包含工业建筑的保护更新．产业基地功能置换

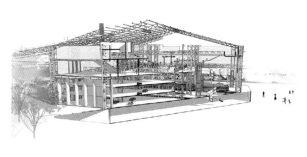

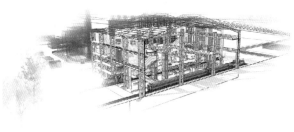

方案表达

作品名称：后宝钢研究不锈钢厂改造
学生姓名：马英超
指导老师：谢建军
学校名称：上海美术学院

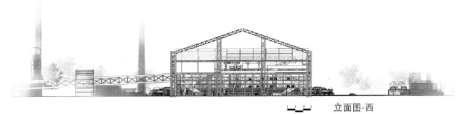

立面图-西

立面图-南

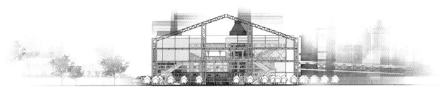

立面图-东

SPACE WITH OPENNESS

顾村地块高层综合楼设计

作品名称： Space with Openness
学生姓名： 朱思涵
指导老师： 柏　春
学校名称： 上海美术学院

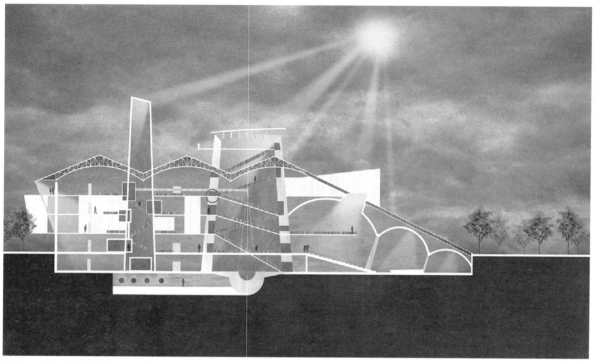

作品名称： 蒙太奇工厂——一个回归日常性的边缘社区更新实验

学生姓名： 梁　丹

指导老师： 柏　春

学校名称： 上海美术学院

上海美术学院

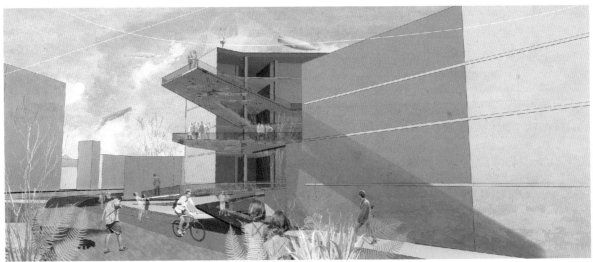

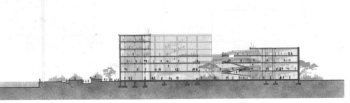

作品名称：Beyond the Wall
学生姓名：叶家达
指导老师：章迎庆
学校名称：上海美术学院

作品名称： 垂直流聚（Vertical Flow）
学生姓名： 王吟珊
指导老师： 柏　春
学校名称： 上海美术学院

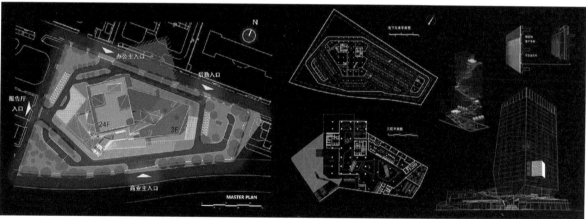

办公主入口

后勤入口

报告厅
入口

24F　　3F

商业主入口

MASTER PLAN

[模型推演] MODEL DEDUCTION

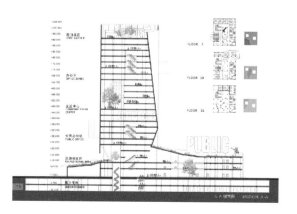

PUBLIC

SECTION A-A

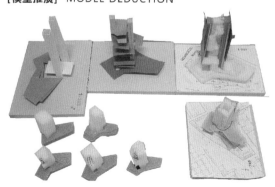

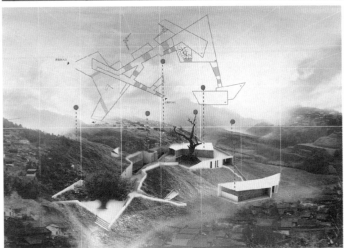

作品名称： 经历时光的属下空间——贵州省野记村
精神文化空间重构

学生姓名： 罗颖超

指导老师： 魏 秦

学校名称： 上海美术学院

作品名称： 涡洄——幼儿园设计
学生姓名： 余诗菁
指导老师： 李　玲
学校名称： 上海美术学院

作品名称： 浸入式体验与叙事性空间——融合酿酒空间的多感
官水族酒文化体验场所设计
学生姓名： 傅子芮
指导老师： 魏　秦
学校名称： 上海美术学院

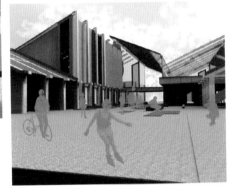

作品名称： 线解——食堂改造
学生姓名： 侯雨彤
指导老师： 顾林奎
学校名称： 上海美术学院

作品名称： 线描谷仓——黔南州苗寨的碎片化空间
再利用设计
学生姓名： 杨亚稳 张 莹 牛凌邦 施 铭 纪文渊
指导老师： 魏 秦
学校名称： 上海美术学院

作品名称： 上海大学延长校区食堂改造——植物园设计

学生姓名： 濮文睿

指导老师： 谢建军

学校名称： 上海美术学院

作品名称： 过去与现代的对话：望京当代艺术中心综合体

学生姓名： 刘竞巍　刘姝辰

指导老师： 王　强　鲁　睿

学校名称： 天津美术学院

天津美术学院

作品名称： 粉墙黛瓦，小桥流水——苏州滨水商业街景观设计
学生姓名： 严 沁 张 钰
指导老师： 都红玉 金纹青
学校名称： 天津美术学院

作品名称： 沧海浅川——浙江省台州市石塘镇车关村绿岛规划
学生姓名： 颜 晔 赵玮程
指导老师： 龚立君 王星航
学校名称： 天津美术学院

总平面图
Camera Layout
1.可山门楼
Entrance gates
2.迎真停亭
Qieting pavilion
3.绘真花园
Rope field
4.湖滨登亭
The lake pavilion
5.靠水平台
The waterfy platform
6.村史基石
The Landscape scope
7.碾磨广场
The forming square
8.戏台
The stage
9.公示栏
The village board
10.树石手工艺民俗馆
Shushi handicraft ension house

作品名称： 营造乡村·广西壮族自治区鼓鸣寨树石手工艺
　　　　　民俗馆设计
学生姓名： 刘欢宇 黄汇源
指导老师： 彭 军 高 颖
学校名称： 天津美术学院

作品名称： 锈蚀——煤矿机械综合展览中心
学生姓名： 丁 凡 王 兴
指导老师： 孙 锦
学校名称： 天津美术学院

天津美术学院

作品名称： 银杏树下的乡情——江西宜春塘佳山乡
村综合体建筑与室内设计
学生姓名： 王利华
指导老师： 彭 军 高 颖
学校名称： 天津美术学院

作品名称： 设计归还自然·望山得水 山东省日照市石老山
　　　　　民宿主题度假酒店设计
学生姓名： 郭 赞 翟莹莹
指导老师： 彭 军 高 颖
学校名称： 天津美术学院

作品名称：窑望·山西省吕梁市碛口镇景观与建筑室内设计
学生姓名：于金亮　朱志永
指导老师：彭 军　高 颖
学校名称：天津美术学院

作品名称: 消失的村落·东井峪古村落遗址展示公园
学生姓名: 康哲语 房翠婷
指导老师: 彭军 高颖
学校名称: 天津美术学院

作品名称: 知槐堂——河北省正定县综合性文化教育活动中心
学生姓名: 陈晓佳 张若桐
指导老师: 朱小平 孙锦
学校名称: 天津美术学院

作品名称： 微·筑 微空间主题馆概念设计
学生姓名： 刘 蔚
指导老师： 周维娜
学校名称： 西安美术学院

西安美术学院

作品名称：场域集结王峰村动态信息场域激活设计

学生姓名：谢栋 甘奥兰 巩岳

指导老师：王娟 海继平

学校名称：西安美术学院

前期分析

▶功能区位分析图　　▶交通流线分析图　　▶日照分析图

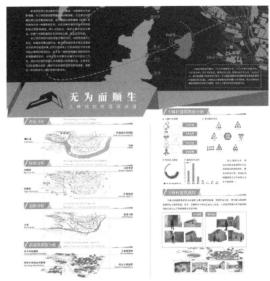

前期分析

▶功能区位分析图　　▶交通流线分析图　　▶日照分析图

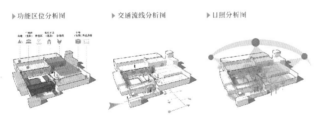

设计思路

▶单个体块分析图

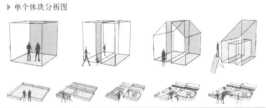

▶空间结构分析图

作品名称：　无为而顺生——关于王峰村居民建筑的改造

学生姓名：　王全欣　王绪爱　李翰奇

指导老师：　海继平　王娟

学校名称：　西安美术学院

西安美术学院

作品名称：呼吸·脉动
学生姓名：林茂群 车思瑞 刘姿彤 张清婷
指导老师：渥苏卫
学校名称：西安美术学院

DLFDLML

雀归巢

作品名称： 生态互驯——王峰村村域生态营计
学生姓名： 刘维飞 顾均娟 马南郎
指导老师： 海继平 王 娟
学校名称： 西安美术学院

西安美术学院

作品名称： 景行行止——村落公共空间环境营造
学生姓名： 赵 刚 马宇飞 唐 静
指导老师： 海继平 王 娟
学校名称： 西安美术学院

作品名称： 书墨印迹
学生姓名： 闫盛煜 雷思聪 段若溪 白慧飞
指导老师： 刘晨晨 华承军
学校名称： 西安美术学院

作品名称： 殇痕——废弃矿坑景观修复
学生姓名： 呼 潇 曲琛琛 梁 丹 康子逸
指导老师： 孙鸣春 李 媛
学校名称： 西安美术学院

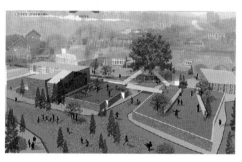

作品名称： 翼希——王峰村儿童格式塔式场域设计
学生姓名： 谭树新 颜冰星 赵钰伟
指导老师： 海继平 王 娟
学校名称： 西安美术学院

鸟瞰图 TERRACE EFFECT CHART

作品名称： 檐巢古意——王峰村功能整合与景观营造
学生姓名： 马召斌 唐陆洲 郭丽娜
指导老师： 海继平 王 娟
学校名称： 西安美术学院

TERRACE EFFECT CHART

RESIDENTIAL BIRD
'S EYE VIEW

作品名称： 本原·本色
学生姓名： 周 璇 李雅菲 赵凯华 常召召
指导老师： 华承军
学校名称： 西安美术学院

作品名称：　巢营故垒——王峰村失落空间再生计划（图1~图2）

学生姓名：　冯匡稷　胡烩冰　郭佳伊

指导老师：　海继平　王　娟

学校名称：　西安美术学院

场域一

图3

人与景观构筑物

作品名称：　存景落境——王峰村田塬生景干预与修复（图3~图6）

学生姓名：　温　博　杨东鸽　薛改改

指导老师：　海继平　王　娟

学校名称：　西安美术学院

图4

场域二

场域三

图5

图6

西安美术学院

作品名称：　寨水一方——王峰村水域文化衍变与营造
学生姓名：　韩雪常博孙瑶
指导老师：　海继平　王娟
学校名称：　西安美术学院

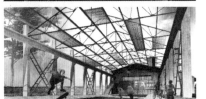

作品名称：　遗迹重构 民艺诉说——凤翔民间艺术基地空间设计研究
学生姓名：　鲁潇
指导老师：　周维娜
学校名称：　西安美术学院

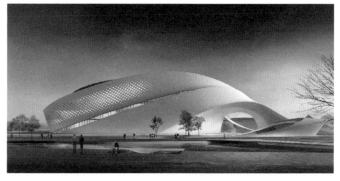

作品名称： 游动的栖居地——生态性主题展览馆
学生姓名： 石志文
指导老师： 周维娜
学校名称： 西安美术学院

中国美术学院

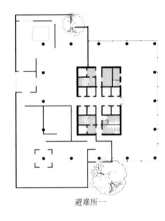

避难所一

避难所二

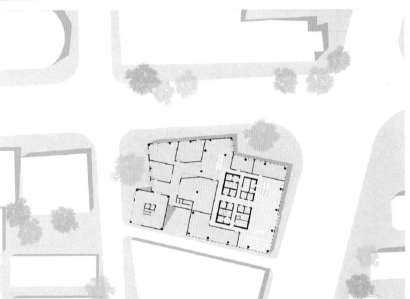

书吧

设计公司

作品名称： 匆匆花间起梦情
学生姓名： 林子欣
指导老师： 张　含
学校名称： 中国美术学院

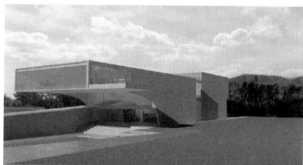

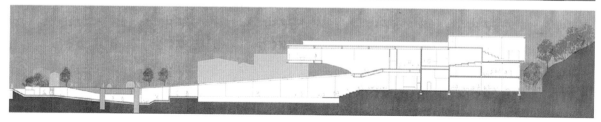

作品名称： 西湖小船博物馆

学生姓名： 郑方虹 李添慧 BAT-ULZII ENKHMAA

指导老师： 苏乞旻

学校名称： 中国美术学院

作品名称： 适时暂点
学生姓名： 董元源
指导老师： 李 驰
学校名称： 中国美术学院

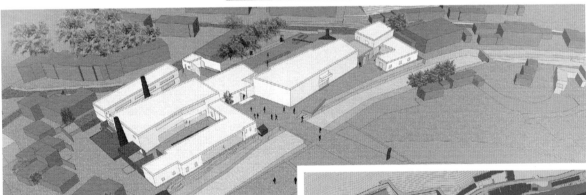

作品名称： 剧院
学生姓名： 张志峰
指导老师： 李凯生 张 含
学校名称： 中国美术学院

作品名称： 城中村观察站

学生姓名： 张志峰 胡金铭

指导老师： 李凯生 李 驰

学校名称： 中国美术学院

中国美术学院

作品名称： 《集市》办公空间——村落式办公空间
学生姓名： 朱丽璇
指导老师： 李 驰
学校名称： 中国美术学院

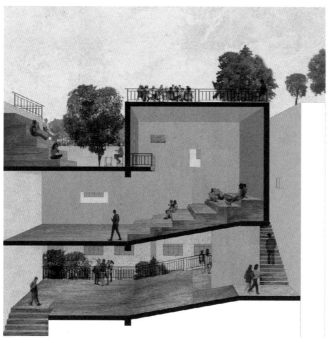

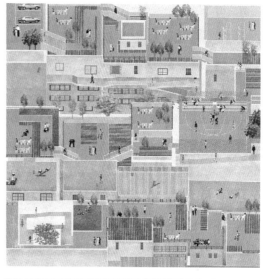

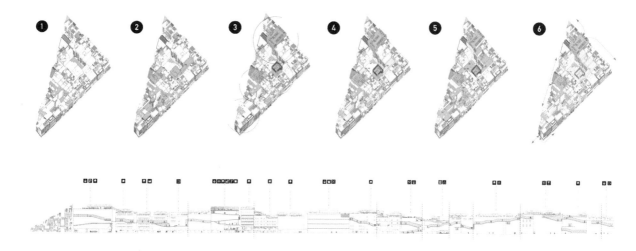

作品名称： 城中村改造
学生姓名： 朱艳倩 董元源
指导老师： 李　驰
学校名称： 中国美术学院

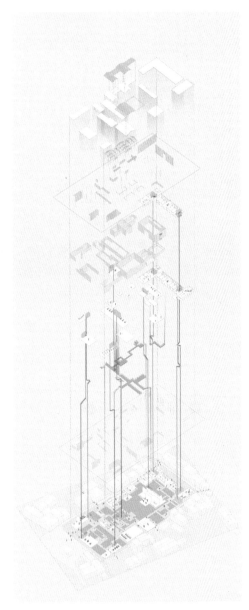

作品名称：廊桥——梦 戏园
学生姓名：黄鹤玥
指导老师：何可人 刘斯雍 David Potter
学校名称：中央美术学院

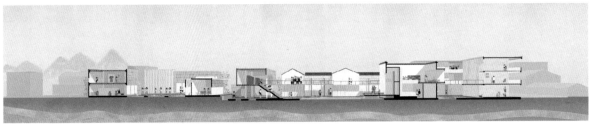

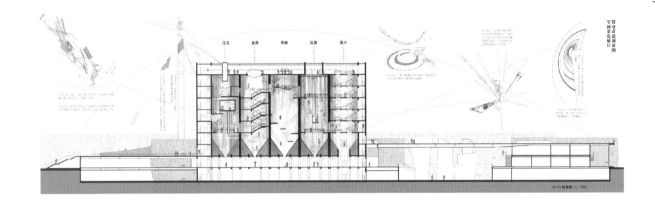

作品名称：铜塑——沈阳冶炼厂的复兴
学生姓名：蒯新珏
指导老师：程启明　苏　勇　刘文豹
学校名称：中央美术学院

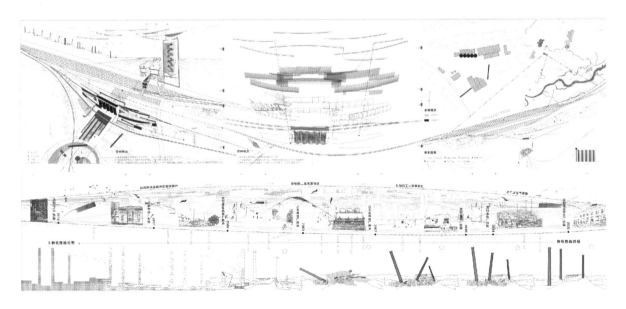

中央美术学院

作品名称：北京旧城更新菊儿
胡同创新联合体建筑设计
——胡同平台
学生姓名：李亚锦
指导老师：王小红　丘　志
学校名称：中央美术学院

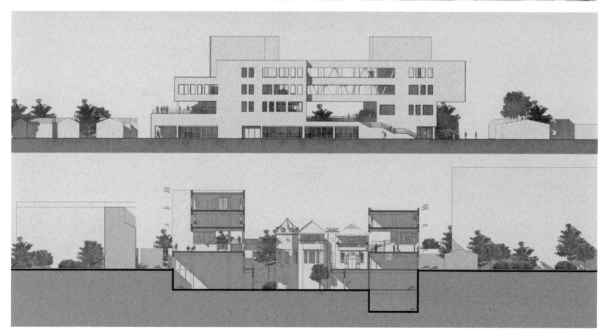

作品名称： 如画之境——感官与场所
学生姓名： 梁　欣
指导老师： 周宇舫　王环宇
学校名称： 中央美术学院

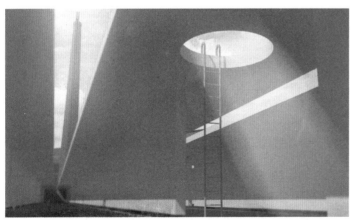

Hongcun

Xiongcun

Initiative (Road Trip)
High Season: Spring and Summer
Travel Duration: 1 Day - 1 Month

Passive (Travel Agency)
High Season: Spring
Travel Duration: 1 Hour - 1 Day

作品名称: 生产空间与空间在生产
　　　　　——徽墨工厂的乡村复兴
学生姓名: 刘子莘
指导老师: 何可人　刘斯雍　David Potter
学校名称: 中央美术学院

■ Commercial Area
▨ Tourist Attraction

作品名称：雾林——城市里的非日常体验
学生姓名：莫奈欣
指导老师：傅 祎 韩 涛 韩文强
学校名称：中央美术学院

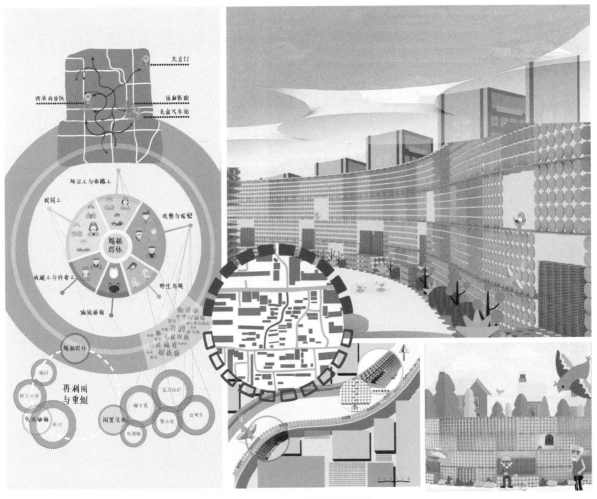

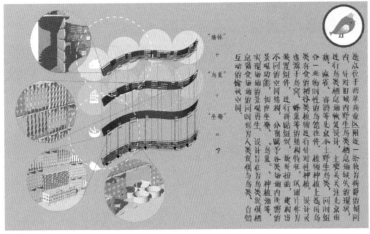

作品名称："无主之地"——北京旧城失落空间的景观再生

学生姓名：尚雨茜

指导老师：侯晓蕾 钟山风

学校名称：中央美术学院

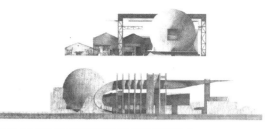

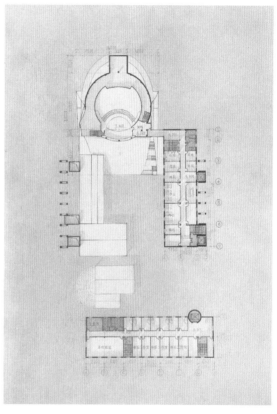

作品名称：一棵树 一面镜子 一个沙漏
学生姓名：陶喧文
指导老师：程启明 苏 勇 刘文豹
学校名称：中央美术学院

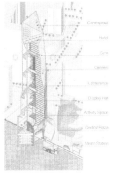

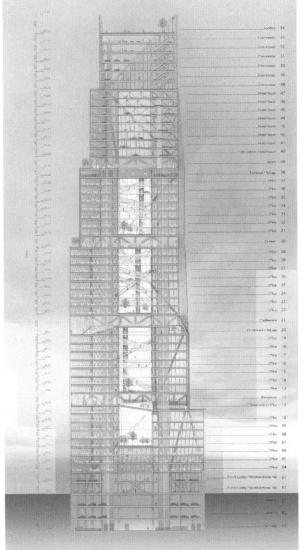

First Floor Plan

Conference Floor Plan

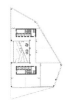

Office Standard Plan

Hotel Standard Plan

作品名称：双筒之间——超高层建筑设计
学生姓名：周　磊
指导老师：虞大鹏
学校名称：中央美术学院

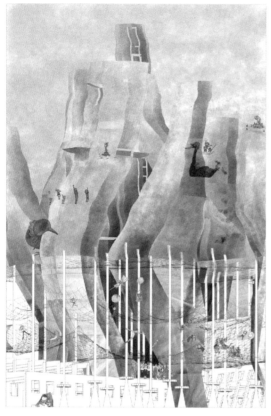

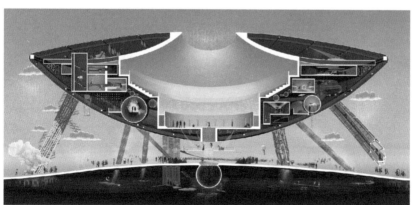

作品名称：后工业时代H2O主题乐园
学生姓名：王楚霄
指导老师：周宇舫 王环宇 王文栋
学校名称：中央美术学院

作品名称：胡同滤镜
学生姓名：毕 拓
指导老师：傅 祎 韩 涛 韩文强
学校名称：中央美术学院

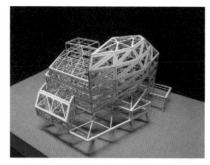

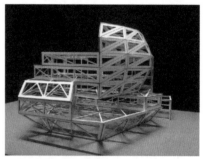

作品名称：汉中路商业综合体设计
学生姓名：王睿东
指导老师：虞大鹏
学校名称：中央美术学院

中央美术学院

作品名称：遇见旧城——菊儿胡同创新联合体建筑设计
学生姓名：王浩坤
指导老师：王小红
学校名称：中央美术学院

作品名称： "割裂与缝合"——
　　　　　　北京南护城河景观改造
学生姓名： 王　浩
指导老师： 侯晓蕾　钟山风
学校名称： 中央美术学院

作品名称：江畔重生
学生姓名：梁庆飞 贺稀红
指导老师：魏 莹
学校名称：重庆邮电大学

作品名称：乐享·旅居RV-Park
集装箱汽车旅馆改造
学生姓名：李晓盈
指导老师：伍尚斌
学校名称：广州科技职业技术学院

作品名称：莫比乌斯环下的展示体验
学生姓名：宋雯祺 张子君
指导老师：鲍诗度 姚　峰
学校名称：东华大学

广西艺术学院

茶席包庸整体举以木色为主，种木的质敏更是催虹的，在白色的墙壁上须搭接到敏原大豆，相呼应，传统的挤梯，吊挂上的山水屏柔也典幻想，参店柜提置了期期木吊登间，茶桂和桐低一，的作闲。的紫红灰佳色彩刻意想照铭明

作品名称：酒店设计
学生姓名：刘文飞 王倩倩
指导老师：韦自力 罗薇丽 陈 罡 肖 彬
学校名称：广西艺术学院

作品名称： 桂林靖江王陵国家遗址公园生态修复及景观规划设计
学生姓名： 杨子涵
指导老师： 林　海
学校名称： 广西艺术学院

广西艺术学院

作品名称：小憩计划
学生姓名：陈佳怡 严珩予 张垚烨
指导老师：韦自力 罗薇丽 陈罡 肖彬
学校名称：广西艺术学院

GALLERY 画廊

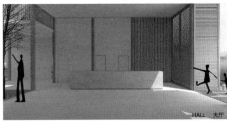

HALL 大厅

作品名称：猫山竹居
学生姓名：林章波
指导老师：王潘亮 聂君
学校名称：广西艺术学院

作品名称: 漓
学生姓名: 张怀月　林　凤　邓紫仟
指导老师: 贾思怡
学校名称: 广西艺术学院

作品名称: 仫佬族新民居
学生姓名: 郑崇海　吴　杨　卢青欣
指导老师: 莫敷建
学校名称: 广西艺术学院

广西艺术学院

作品名称：寻回那一湾绿水
学生姓名：陈 静
指导老师：陈建国
学校名称：广西艺术学院

作品名称：丹青竹影
学生姓名：金 晶 李尚静 李国升 唐 骁
指导老师：韦自力 罗薇丽 陈 罡 肖 彬
学校名称：广西艺术学院

作品名称：崇左文化馆
学生姓名：齐烨彤 程天伦 张益弦 覃丽娜 刘 洋
指导老师：江 波
学校名称：广西艺术学院

作品名称："乡村客厅"设计
学生姓名：程天伦 覃丽娜
指导老师：江 波
学校名称：广西艺术学院

作品名称： 墨痕——旧工厂改造设计

学生姓名： 湛 颖 姚家宝 谢 韵 刘九明

指导老师： 韦自力 罗薇丽 陈 罡 肖 彬

学校名称： 广西艺术学院

作品名称： 融合——现代与传统
的平衡

学生姓名： 牛 聪 白 悦

指导老师： 陈 罡

学校名称： 广西艺术学院

作品名称： 艺归田园——连天阡陌云作画，吟诗树艺画耕耘
学生姓名： 马媛媛 孙博杰
指导老师： 吕桂菊
学校名称： 山东工艺美术学院

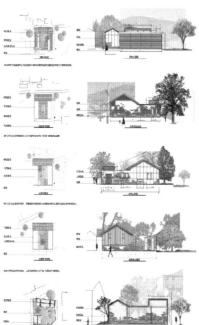

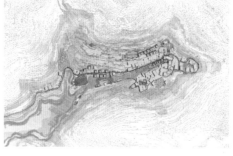

作品名称：石·间——西营镇老峪村
　　　　　景观营建
学生姓名：李志国　周　幸　徐　良
指导老师：吕桂菊
学校名称：山东工艺美术学院

作品名称： 山东日照喜来登国际财富中心

学生姓名： 栾 滨 刘 宜

学校名称： 山东工艺美术学院

作品名称： 高校建筑设计——学生公寓

研究生组

学生姓名： 亓文瑜

指导老师： 刘 云

学校名称： 山东师范大学

作品名称： Box的舞步——校园创意园
学生姓名： 郑新新 王纪原 刘 娥
指导老师： 刘 云 王 振
学校名称： 山东师范大学

作品名称： 复兴——山东师范大学动力服务中心
　　　　　建筑改扩建项目
学生姓名： 王纪原 郑新新 刘 娥
指导老师： 刘 云 王 振
学校名称： 山东师范大学

作品名称： 立交桥下方空间利用改造
学生姓名： 王 雪
指导老师： 周昕涛
学校名称： 上海师范大学

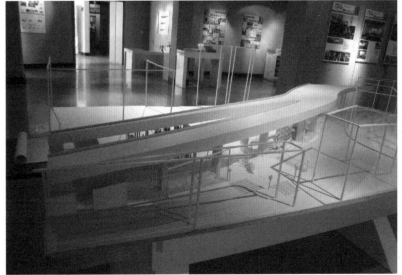

上海师范大学

作品名称： 温州华侨大学一期
　　　　　　扩建工程设计方案
学生姓名： 郭润滋
指导老师： 江　滨
学校名称： 上海师范大学

作品名称：浮庙墩"一隅"民宿设计
学生姓名：秦 楚
指导老师：宋凌琦
学校名称：上海师范大学

作品名称： 活生——喀什高台民居街巷空间
景观改造概念设计
学生姓名： 刘丽丽 李健伟
指导老师： 王新宇
学校名称： 上海师范大学

作品名称： 陆家嘴中心绿地地下空间概念设计
学生姓名： 郭润滋
指导老师： 江 滨
学校名称： 上海师范大学

作品名称："Neverland"太湖小人国设计
学生姓名：秦　楚
学校名称：上海师范大学

作品名称：乡心归自由
学生姓名：周　亚
指导老师：江　滨
学校名称：上海师范大学

作品名称：　折之美——基于社群的公共艺术空间

学生姓名：　罗　曼

学校名称：　上海工程技术大学

作品名称： 映像古今

学生姓名： 伊自凯 刘铭涛

指导老师： 赵 一 郭媛媛

学校名称： 沈阳工学院

沈阳工学院

作品名称： 云屿

学生姓名： 王晓彤 周靖雯 席鲁月

指导老师： 赵 一 郭媛媛

学校名称： 沈阳工学院

作品名称: FSY休闲广场设计
学生姓名: 张 雨
指导老师: 李敏娟
学校名称: 沈阳工学院

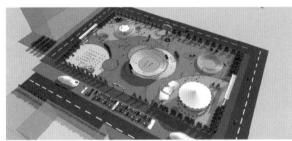

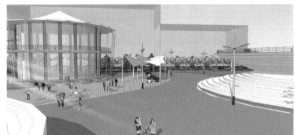

作品名称: 柏林春天——主题广场设计
学生姓名: 罗 倩 吴雨婷
指导老师: 赵 一 郭媛媛
学校名称: 沈阳工学院

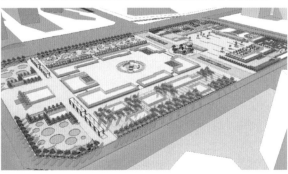

沈阳工学院

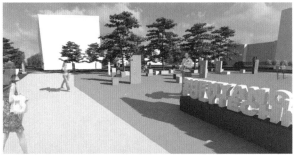

作品名称： 几何映像
学生姓名： 张婷婷 张凤吟
指导老师： 赵一
学校名称： 沈阳工学院

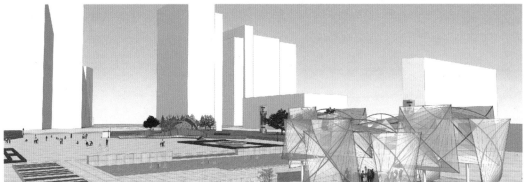

作品名称：衔接·折线
学生姓名：乔丽宁 李海霞
指导老师：赵一 郭媛媛
学校名称：沈阳工学院

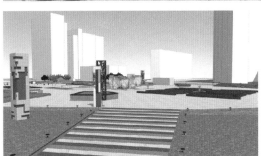

作品名称： 沈阳奉先广场
学生姓名： 吴 涛
指导老师： 李敏娟
学校名称： 沈阳工学院

作品名称： 万众创新·汇聚的力量
学生姓名： 王业伟 牟佳辉
指导老师： 赵 一 郭媛媛
学校名称： 沈阳工学院

孚井——清激一泓，共光可镜。

作品名称：东北义园总体规划设计——山水义园
学生姓名：程涣杰 汪艺泽
指导老师：谢明洋
学校名称：首都师范大学

作品名称：安徽桐城张英宰相府五亩园复原设计
学生姓名：汪艺泽
指导老师：谢明洋
学校名称：首都师范大学

作品名称：东北义园总体规划
设计——澄怀十景

学生姓名：程焕杰 汪艺泽

指导老师：谢明洋

学校名称：首都师范大学

作品名称： 百鸟过境——黄河三角洲鸟类博物馆户外观鸟屋概念设计
学生姓名： 申荣荣
指导老师： 张 彪
学校名称： 首都师范大学

作品名称：706旧厂房改造——保护与更新
学生姓名：范伟霞 邓儒思
指导老师：张 彪
学校名称：首都师范大学

作品名称：751老炉区工业遗址改造——时与境迁
学生姓名：康颖 王霄
指导老师：张 彪
学校名称：首都师范大学

作品名称：　798工业遗址改造——西南小厂房
学生姓名：　胡芳婷　黄　格
指导老师：　张　彪
学校名称：　首都师范大学

作品名称：　集艺聚园
学生姓名：　荀　曜　张　莹
指导老师：　张　彪
学校名称：　首都师范大学

作品名称：四艺冶钢
学生姓名：荀曜 陈斌斌
指导老师：谢明洋
学校名称：首都师范大学

作品名称：线性主题公园
学生姓名：杨博魏 王霄
指导老师：谢明洋
学校名称：首都师范大学

作品名称： 消隐的纪念
学生姓名： 陈斌斌 潘雅婷 谢立功
指导老师： 张 彪
学校名称： 首都师范大学

作品名称： 栿·茶室
学生姓名： 徐 瑶 崔 昂
指导老师： 张 彪
学校名称： 首都师范大学

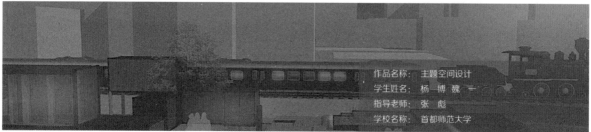

作品名称：主题空间设计
学生姓名：杨博魏
指导老师：张 彪
学校名称：首都师范大学

作品名称：新平彝族傣族自治县疗养院
学生姓名：高梦娟
指导老师：张春明
学校名称：云南艺术学院

作品名称： 峨山彝族自治县小学设计
学生姓名： 于雪梅
指导老师： 张春明
学校名称： 云南艺术学院

云南艺术学院

作品名称： 沧源司岗里大道西段南侧地块概念规划设计方案
学生姓名： 杨发栋 杨海霞 陆静洁 赵 娜 杞建才
指导老师： 李卫兵 王 睿
学校名称： 云南艺术学院

作品名称：红河学院创意园大楼设计
学生姓名：徐荣凯
指导老师：张春明
学校名称：云南艺术学院

作品名称： 建水风力发电培训基地
学生姓名： 尹 君
指导老师： 张春明
学校名称： 云南艺术学院

作品名称：　原·野——翁丁村的保护与更新规划设计方案
学生姓名：　杨　萍　张语韬　卢潇云　李庭培　方亚盟　胡跃辉
　　　　　　李晓华　曹书浩　罗　鹏　余云龙　欧阳春磊　杨世璋
　　　　　　鲁宸铭
指导老师：　王　睿　李卫兵
学校名称：　云南艺术学院

云南艺术学院

作品名称：　新平彝族傣族自治县中医医院
　　　　　　院区景观设计

学生姓名：　徐荣凯

指导老师：　张春明

学校名称：　云南艺术学院

作品名称：　新平彝族傣族自治县中医医院院区
　　　　　　室内设计

学生姓名：　高梦娟

指导老师：　张春明

学校名称：　云南艺术学院

作品名称： 红河学院实训楼设计
学生姓名： 尹 君
指导老师： 张春明
学校名称： 云南艺术学院

作品名称： 红河学院主大楼设计
学生姓名： 尹 君
指导老师： 张春明
学校名称： 云南艺术学院

作品名称： 云南沧源翁丁村民族文化传习馆设计方案
学生姓名： 张语瑶
指导老师： 王 睿 李卫兵
学校名称： 云南艺术学院

作品名称： 德宏景颇大酒店设计
学生姓名： 杨红文
指导老师： 张春明
学校名称： 云南艺术学院

作品名称： 陇川五星酒店设计
学生姓名： 杨红文
指导老师： 张春明
学校名称： 云南艺术学院

作品名称： 云南省送变公司生产调度大楼设计
学生姓名： 于雪梅
指导老师： 张春明
学校名称： 云南艺术学院

作品名称： 基于非遗传承活态保护的乡村景
观概念设计——以顾渚村为例

学生姓名： 袁 政 张盼盼 张佳佳

指导老师： 杨小军

学校名称： 浙江理工大学

作品名称： 道风乔乡 养生福地

学生姓名： 朱程宾 雷惠婷 童浩佳

指导老师： 罗青石

学校名称： 浙江师范大学

作品名称： 伽蓝酒吧

学生姓名： 王一茹 郑 爽 马建伟 黄雪芳

指导老师： 肖 寒

学校名称： 浙江师范大学

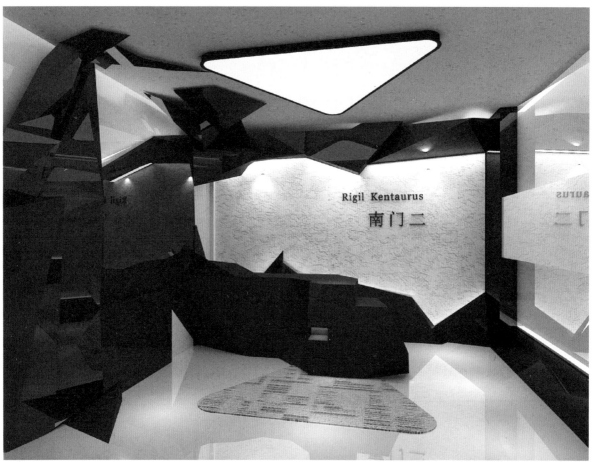

Rigil Kentaurus

南门二

作品名称： 创意科技公司办公空间
学生姓名： 马建伟 黄雪芳 王一茹 郑 爽
指导老师： 肖 寒
学校名称： 浙江师范大学

作品名称：北欧风格住宅空间
学生姓名：王一茹　吴静静　马建伟
指导老师：郑军德　黄雪芳
学校名称：浙江师范大学

作品名称：东野室内设计事务所
学生姓名：王一茹　郑　爽　马建伟　黄雪芳
指导老师：肖　寒
学校名称：浙江师范大学

作品名称： 浮生主题日式酒吧

学生姓名： 马建伟 黄雪芳 王一茹
　　　　　 郑　爽

指导老师： 肖　寒

学校名称： 浙江师范大学

作品名称： 设计公司办公空间
学生姓名： 李露雯 安思萌 马建伟 黄雪芳
指导老师： 肖 寒
学校名称： 浙江师范大学

作品名称： 皖南黄梅艺术馆
学生姓名： 秦怡凡 戴芳芳 何 明 张 亚
指导老师： 马小娅
学校名称： 安徽大学江淮学院

作品名称： 万物生素食餐厅
学生姓名： 张 亚 张有芳 王 超
指导老师： 马小娅
学校名称： 安徽大学江淮学院

作品名称： 点击·复活——芜湖古城历史街区的更新与规划设计
学生姓名： 伍 蕾 张 芮 卢梦君 杨继伟
指导老师： 陆 峰 张 浩
学校名称： 安徽工程大学

作品名称： 古今之间——唤醒城市记忆
学生姓名： 方子慧 牛正岩 刘 乐 李 繁
　　　　　 汪雅娜 周万鹏 徐益娟
指导老师： 陆 峰 张 浩
学校名称： 安徽工程大学

安徽工程大学

作品名称：廊环记
学生姓名：牛正岩 卢梦君 陆文羽 张 芮
指导老师：俞梦璇 梁 楠
学校名称：安徽工程大学

作品名称：天空之城
学生姓名：徐 娇 徐 然 徐明瑞 陈宇亭
指导老师：梁 楠 俞梦璇
学校名称：安徽工程大学

作品名称：旧故里草木深——淮南煤矿塌陷区游客服务中心
学生姓名：钮世鹏 蒋 杰 史冰冰 陈 剑
指导老师：俞梦璇 付晓惠
学校名称：安徽工程大学

作品名称：民俗博物馆设计
学生姓名：马 虎
指导老师：侯琪玮
学校名称：安徽工程大学

安徽工程大学

作品名称： 某市雕塑公园游客接待中心设计

学生姓名： 王宇昊 孟祥志 王子微 林必成

指导老师： 俞梦璇 付晓惠

学校名称： 安徽工程大学

作品名称： 来安县黄牌村史馆展示设计
学生姓名： 朱程程　陈菊萍　陈效晨
指导老师： 王淮梁　张慎成
学校名称： 安徽工程大学

安徽工程大学

作品名称： 禅意小清新——润津花园小区住宅空间设计
学生姓名： 赵永强
指导老师： 王　芳　田培春
学校名称： 安徽工程大学

作品名称： LOFT工业风格办公空间设计
学生姓名： 赵湾湾
指导老师： 潘　虹　罗中霞
学校名称： 安徽工程大学

作品名称： 夜咖啡——loft风格咖啡厅设计
学生姓名： 闫淑心 江佳欣
指导老师： 张学东
学校名称： 安徽工程大学

作品名称： 回艺——工业风餐厅设计
学生姓名： 王永香 张 博
指导老师： 罗中霞 李水子
学校名称： 安徽工程大学

安徽工程大学

作品名称：倦鸟归巢

学生姓名：陈　超　张梦瑶

指导老师：张慎成　田培春

学校名称：安徽工程大学

作品名称：食府

学生姓名：吴　刚

指导老师：吴劲松　田　勇

学校名称：安徽工程大学

作品名称： 轻工业风里的购物天堂
学生姓名： 何　洋　鲍凌霄　李　悦
指导老师： 孟梅林　田培春　李木子
学校名称： 安徽工程大学

作品名称： 纸鸢香草庄园
学生姓名： 苏志展　田智中　肖俊山　赵湾湾　赵钰洁
指导老师： 齐宛苑　李木子
学校名称： 安徽工程大学

作品名称：SPERADING BOUNDARY

学生姓名：段泽豪 陈星烨 柯春珊 卜园昊 朱浩铭

指导老师：薛雨菲

学校名称：安徽工业大学

作品名称： 凹山矿"村"居
学生姓名： 王　丹　卜园昊
指导老师： 薛雨菲
学校名称： 安徽工业大学

作品名称：　清境——徽州民居文化展览中心设计

学生姓名：　赵夏炎

指导老师：　鲍如昕

学校名称：　安徽建筑大学

安徽建筑大学

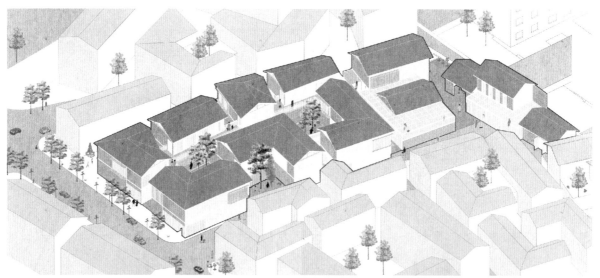

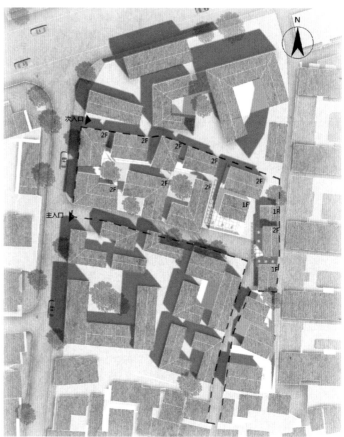

作品名称： 穿梭街巷——徽州民居改扩建设计
学生姓名： 黄婷婷
指导老师： 解玉琪 王 薇
学校名称： 安徽建筑大学

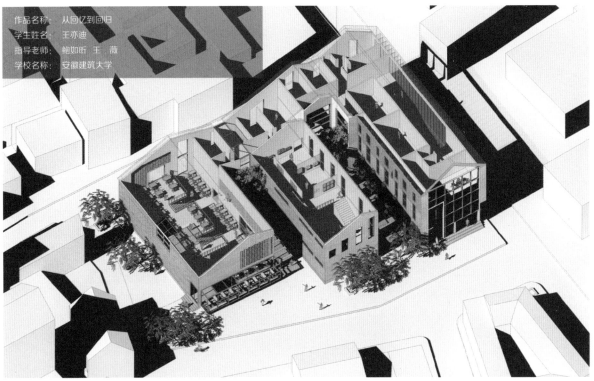

作品名称： 从回忆到回归
学生姓名： 王亦迪
指导老师： 鲍如昕 王 薇
学校名称： 安徽建筑大学

作品名称：徽然心动——乡村传统古徽派村落翻新改造设计

学生姓名：郭志成

指导老师：解玉琪　王　薇

学校名称：安徽建筑大学

作品名称： 老街新巷——屯溪老街茶文化体验工坊设计
学生姓名： 高 翔
指导老师： 解玉琪 王 薇
学校名称： 安徽建筑大学

安徽建筑大学

■ 新的街区剧本

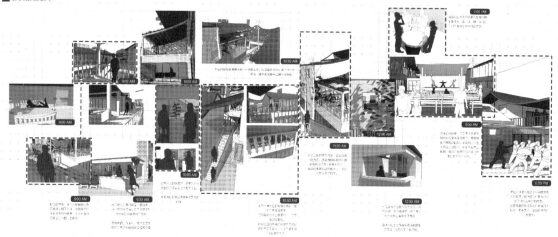

作品名称： LIVE IN巷——乡村历史街区再激活及生活体验式改造设计
学生姓名： 黎翰林
指导老师： 解玉琪　王　薇
学校名称： 安徽建筑大学

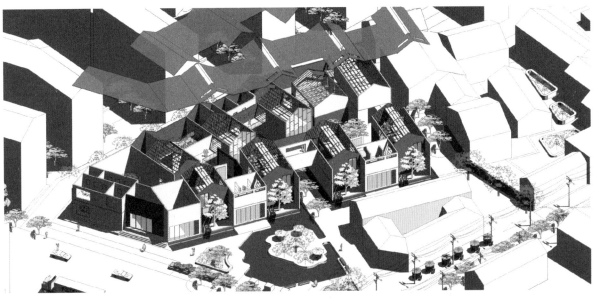

作品名称： 山绕清溪画绕城——徽州民居文化展览馆设计
学生姓名： 邓宏远
指导老师： 鲍如昕 王 薇
学校名称： 安徽建筑大学

作品名称：屯溪老街改扩建
学生姓名：王士琳
指导老师：徐雪芳 王 薇
学校名称：安徽建筑大学

作品名称：印记——社区图书馆设计
学生姓名：张万蓉苗
指导老师：解玉琪 王 薇
学校名称：安徽建筑大学

安徽建筑大学

作品名称： 走走停停——屯溪老街枫树巷改扩建设计
学生姓名： 汪　萌
指导老师： 解玉琪　王　薇
学校名称： 安徽建筑大学

作品名称： 穿巷游廊——屯溪老街枫树巷改扩建设计
学生姓名： 王佳瑾
指导老师： 解玉琪　王　薇
学校名称： 安徽建筑大学

作品名称：汽车站设计

学生姓名：万驭晴

指导老师：解玉琪 王薇

学校名称：安徽建筑大学

作品名称: 轻工业风办公空间设计

学生姓名: 魏士驿

指导老师: 黄　成

学校名称: 安徽农业大学经济技术学院

作品名称： MUJI——休闲咖啡馆设计
学生姓名： 刘俊杰
指导老师： 吴姗姗
学校名称： 安徽农业大学经济技术学院

作品名称： 返本归原——桐城市六尺巷地段城市设计
学生姓名： 程佳
指导老师： 李冉
学校名称： 安徽农业大学经济技术学院

作品名称： "和风禅意" —— 某日式餐厅设计
学生姓名： 昂旭栋
指导老师： 徐社永
学校名称： 安徽农业大学经济技术学院

安徽农业大学经济学院

作品名称： 水墨元素在现代办公空间中的运用
学生姓名： 秦 楠
指导老师： 郭巧愚
学校名称： 安徽农业大学经济技术学院

作品名称： "东方意境"——某主题茶馆设计
学生姓名： 李一民
指导老师： 徐社永
学校名称： 安徽农业大学经济技术学院

作品名称： 青芝坞·茶舍——空间设计
学生姓名： 屈雅洁
指导老师： 魏 靓
学校名称： 安徽农业大学经济技术学院

作品名称： 轻工业风在酒店设计中的运用——
以笼居酒店为例
学生姓名： 王 冶
指导老师： 郭巧愚
学校名称： 安徽农业大学经济技术学院

安徽农业大学

作品名称： 基于人文关怀的商业空间设计
学生姓名： 张小雨
指导老师： 郭文博
学校名称： 安徽农业大学

作品名称： 基于自然元素的餐饮空间意境营造设计
学生姓名： 王宇涛
指导老师： 郭文博
学校名称： 安徽农业大学

作品名称：慢城主义视角下的田园风格办公空间设计
学生姓名：林 飞
指导老师：郭文博
学校名称：安徽农业大学

作品名称：水敏性城市背景下生态公园景观设计研究
学生姓名：李珊珊
指导老师：唐洪亚
学校名称：安徽农业大学

作品名称： 蜀山公园主题酒店
学生姓名： 崔艳艳 黄 珊
指导老师： 赵 扬
学校名称： 安徽三联学院

作品名称： 徽文化商务主题酒店
学生姓名： 张 帅 杨 磊
指导老师： 赵 扬
学校名称： 安徽三联学院

作品名称： 某宾馆室内空间设计方案
学生姓名： 司素群
指导老师： 张　永
学校名称： 安徽三联学院

作品名称： 某住宅室内空间设计方案
学生姓名： 叶泽莹
指导老师： 张　永
学校名称： 安徽三联学院

作品名称： 某售楼处室内设计方案
学生姓名： 叶 盛
指导老师： 张 永
学校名称： 安徽三联学院

作品名称： 合肥某居住区景观规划设计
学生姓名： 蒋 梦 叶泽莹 杨 磊 陈雅倩
指导老师： 曲璐璐
学校名称： 安徽三联学院

作品名称：合肥某大学新区景观规划设计
学生姓名：孙媛媛
指导老师：李冰妍
学校名称：安徽三联学院

作品名称：合肥政务区城市广场规划设计
学生姓名：施文辉　钱　程　高　珊　张亚芹
指导老师：毛缤韬
学校名称：安徽三联学院

安徽三联学院 / 安徽师范大学 / 安徽师范大学皖江学院

作品名称：蜿蜒的生态景观·合肥市政务区中心公园设计
学生姓名：李鹏客 程雨娴 张立平 胡婷婷 许叶涛
指导老师：毛颖韬
学校名称：安徽三联学院

作品名称：海景集装箱度假酒店
学生姓名：耿旭
指导老师：王霖
学校名称：安徽师范大学

作品名称：木木夕木目心——服装专卖店
学生姓名：高伟飞
指导老师：王霖
学校名称：安徽师范大学

作品名称：时尚顶尖
学生姓名：罗玲
指导老师：杜晓坤
学校名称：安徽师范大学皖江学院

作品名称: 艺韵(图1~图3)　　　作品名称: 雅阁(图4~图6)
学生姓名: 马婷韦　　　　　　　学生姓名: 王思伟
指导老师: 陈 林 江惟宝　　　　指导老师: 杜晓坤
学校名称: 安徽师范大学皖江学院　学校名称: 安徽师范大学皖江学院

作品名称： 中式别墅

学生姓名： 申金玉

指导老师： 杜晓坤

学校名称： 安徽师范大学皖江学院

作品名称： 东篱茶居环境设计方案

学生姓名： 谷丽丽

指导老师： 许雁翎 黄德昕

学校名称： 安徽新华学院

安徽新华学院

作品名称：工业风办公空间设计

学生姓名：陈凯

指导老师：贾爱君 刁俊琴

学校名称：安徽新华学院

作品名称：以二胎政策为例的三居室改造设计

学生姓名：孙靖如

指导老师：刁俊琴　贾爱君

学校名称：安徽新华学院

作品名称：旺汇港式茶餐厅室内设计
学生姓名：周冰洁
指导老师：黄德昕　许雁翎
学校名称：安徽新华学院

作品名称：莲花观景台
学生姓名：关志耀 方昳晴
指导老师：苏 乐 姚 松
学校名称：安徽信息工程学院

作品名称：芜湖新能源汽车体验中心展馆
学生姓名：李 言 陈婷婷 操 磊 夏广萍
指导老师：骆 琼 张 慧
学校名称：安徽信息工程学院

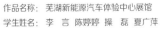
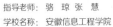

作品名称： 禅隐（图1~图3）
学生姓名： 孙伟政 刘海燕
指导老师： 张 慧 骆 琼
学校名称： 安徽信息工程学院

作品名称： 移·景（图4~图7）
学生姓名： 刘 雪
指导老师： 杨小庆 郭煜峰
学校名称： 安徽信息工程学院

图1

图2

图3

图4

图5

图6

图7

作品名称：废旧空间的二次利用
　　　　　——LOFT风格设计
　　　　　工作室
学生姓名：王云浩
指导老师：周　良
学校名称：蚌埠学院

蚌埠学院

图1

图2

图3

图4

作品名称： "七里椒香"
　　　　　————新中式风格餐饮空间（图1~图4）
学生姓名： 郭倩文
指导老师： 周　良
学校名称： 蚌埠学院

作品名称： 东篱餐厅————主题餐厅设计（图5~图7）
学生姓名： 查秋健
指导老师： 周　良
学校名称： 蚌埠学院

图5

图6

图7

图1

图2

作品名称：静觅——休闲餐厅
　　　　　设计（图1~图3）
学生姓名：夏菲菲
指导老师：周　良
学校名称：蚌埠学院

图3

作品名称：青莲轩——新中式
　　　　　餐厅（图4~图8）
学生姓名：黄　宁
指导老师：周　良
学校名称：蚌埠学院

图4

图6

图5

图7

图8

作品名称： 水乡茶韵——茶室设计
学生姓名： 陈 洁
指导老师： 周 良
学校名称： 蚌埠学院

作品名称： LV门店设计
学生姓名： 张沥元
指导老师： 陈 璐
学校名称： 池州学院

图1

图2

图5

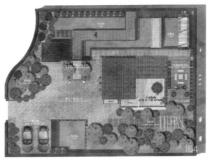
图4

图5

图6

图7

图8

作品名称：回归·相遇（图1~图4）　作品名称：梦想·别墅庭院（图5~图8）

学生姓名：高　峰　　　　　　　　学生姓名：张洋洋

指导老师：何旭峰　李惠梓　　　　指导老师：何旭峰　李惠梓

学校名称：池州学院　　　　　　　学校名称：池州学院

滁州学院

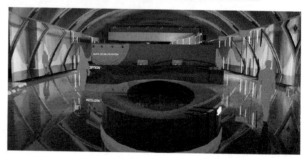

作品名称： 仿生海洋馆建筑设计　　　作品名称： 水文化景观设计
学生姓名： 汪　涛　　　　　　　　学生姓名： 汪　涛
指导老师： 冯艳甘翔　　　　　　　指导老师： 张珂冯艳
学校名称： 滁州学院　　　　　　　学校名称： 滁州学院

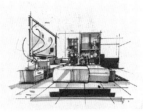

作品名称： "返璞归真"售楼部设计
学生姓名： 邱雪君
指导老师： 甘 翔 冯 艳
学校名称： 滁州学院

作品名称： "魅力装置"
　　　　　主题公园景观规划设计
学生姓名： 李平沙
指导老师： 冯 艳 李梦娟
学校名称： 滁州学院

总平面图1:1250

视点分析图

景观节点图

交通分析图

作品名称：纪念性公园景观规划设计

学生姓名：郭晋红

指导老师：冯 艳 马 玄

学校名称：滁州学院

作品名称："壹霖 洱语"餐厅设计

学生姓名：杜香莲

指导老师：李梦娟 李晶晶

学校名称：滁州学院

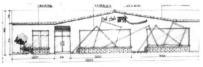

作品名称： 基于工业风的墨尔本
          啤酒花园餐厅设计
学生姓名： 孙　梦
指导老师： 李长福
学校名称： 阜阳师范学院

作品名称： 基于传统建筑符号的
          现代餐饮空间设计
学生姓名： 张歆玥
指导老师： 李长福
学校名称： 阜阳师范学院

作品名称：石涛纪念馆展陈方案
　　　　　设计
学生姓名：赵　爽
指导老师：杨　一　曹烨君
学校名称：合肥师范学院

作品名称：空中别墅
学生姓名：章　萍
指导老师：曹烨君　唐杰晓
学校名称：合肥师范学院

作品名称：现代简约式生活
学生姓名：周光辉
指导老师：曹烨君　杨　一
学校名称：合肥师范学院

作品名称： 居住空间设计
学生姓名： 杨天牧
指导老师： 曹烨君 杨 一
学校名称： 合肥师范学院

作品名称： 诗意的栖居
学生姓名： 崔 灿
指导老师： 曹烨君 吴胜南
学校名称： 合肥师范学院

作品名称：午后阳光　　　　作品名称：解析.再现——义安园景观形式
学生姓名：胡文瑞　　　　　　　　　　　逻辑认知
指导老师：曹烨君 杨 一　　学生姓名：张文娟 张睿晨 郎 磊
学校名称：合肥师范学院　　　　　　　　黄若雯 李 笑
　　　　　　　　　　　　　　指导老师：徐 争
　　　　　　　　　　　　　　学校名称：铜陵学院

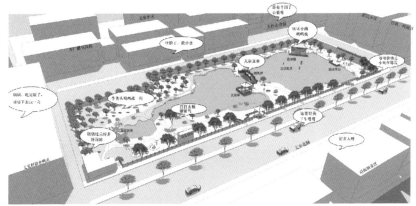

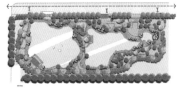